BIBLIOTHÈQUE

SCIENTIFIQUE, INDUSTRIELLE, COMMERCIALE, ETC.,

DESTINÉE A LA JEUNESSE.

Ire LIVRAISON.

AGRICULTURE,

OU

NOUVELLE MÉTHODE

DE

CULTIVER LA TERRE,

PAR M. ALPH. VIOLLET.

PARIS,

À LA LIBRAIRIE POUR LA JEUNESSE,

CHEZ BELLAVOINE,

QUAI DES AUGUSTINS, N° 37.

1830.

AGRICULTURE.

CHAPITRE I.

*Aperçu historique sur l'agricul-
ture dans notre patrie, depuis
les Gaulois jusqu'à nos jours.*

On entend par agriculture l'art
de cultiver la terre; dans les temps
anciens cet art fut placé au premier
rang, et les rois, les princes et les
héros ne rougirent pas de conduire
la charrue. Les Egyptiens attri-
buaient son invention à Osiris; les
Grecs, à Cérès et à Triptolème son
fils; les Romains, à Saturne ou à
Janus, leur roi, qu'ils mirent au

rang des dieux, parce qu'ils lui étaient redevables de ce bienfait.

A l'exception des peuples chasseurs ou pasteurs, tels que les Arabes et les Tartares, toute nation du monde, qui s'établit dans une ville ou dans un village, à demeure fixe, sentit combien les fruits de la terre étaient insuffisans pour sa subsistance, et eurent recours à l'agriculture pour subvenir à leurs besoins.

Les Gaulois, considérés généralement comme nos ancêtres, se livrèrent avec succès aux travaux de l'agriculture. Soumise par César à la domination romaine, la Gaule, laborieusement cultivée, contribuait principalement aux grands approvisionnemens de blé que l'immense population de Rome exigeait tous les ans. Mais lorsque l'empire succomba sous l'effort des barbares du Nord, la dépopulation, occasionnée par cette terrible invasion, porta un coup mortel à l'agriculture.

Sous un de nos plus grands rois, Charlemagne, l'agriculture commença à se ranimer; mais de nouveaux barbares replongèrent la France dans un état déplorable d'ignorance, de paresse et d'abrutissement. Mais si les Normands furent les premiers auteurs de ce triste changement, le régime féodal, qui s'introduisit à cette époque, servit à le perpétuer. Cependant Charles v, Charles vi, Louis xii et François 1er firent quelques ré-

glemens tendant à encourager l'a-
griculture; mais leur bonne vo-
lonté n'eut que de faibles résultats.
Enfin, brilla sur la France le ministère du grand Sully. L'active
correspondance de ce ministre
avec les plus habiles agronomes
des provinces de France; le soin
qu'il prenait d'examiner lui-même
les renseignemens qui lui étaient
expédiés; les encouragemens qu'il
donnait à toute amélioration ou
découverte d'utilité réelle ; les
sages réglemens qu'il fit en fa-
veur de cette branche si importante de la prospérité des états;
toutes ces causes témoignaient assez sa sollicitude pour l'agriculture
et semblaient inviter tous les ci-
toyens à seconder ses bienveillan-

tes intentions. Sous ce ministère parurent plusieurs écrits sur ce sujet, parmi lesquels on remarque la *Maison rustique*, de Jean Diébault, et la *Recette véritable, par laquelle tous les hommes de France peuvent apprendre à multiplier et à augmenter leurs trésors,* par Bernard de Palissy, simple paysan de Saintonge, qui savait à peine lire, mais qui était doué par la nature d'un génie admirable pour l'agriculture, et qui a donné dans cet ouvrage d'excellens préceptes dictés par un rare esprit d'observation.

Sous les deux règnes suivans, des troubles intérieurs, qui éclatèrent à plusieurs reprises, comprimèrent l'essor que l'agriculture avait pris sous le ministère de Sully. Les règnes de Louis xv et de l'infortuné Louis xvi furent plus favorables à ses progrès. A cette époque, la botanique, la physique, la chimie, vinrent lui prêter son appui et l'élevèrent à un degré de perfection inconnu jusqu'alors. Depuis ce temps jusqu'à nos jours, ses progrès ont toujours été croissans, surtout depuis l'époque de la restauration, qui a commencé une ère nouvelle pour les arts, les sciences et le commerce.

CHAPITRE II.

Des Sols.

Par sols nous entendons la terre considérée comme la base de la végétation. Un sol prendra la dénomination de siliceux, alumineux, calcaire ou végétal, selon qu'il participera davantage d'une des substances qu'indiquent ces dénominations.

Les corps solides, ainsi que les corps moins compacts qui par différens procédés de la nature se mêlent et se confondent ensemble de différentes manières et par proportions inégales, forment la base du sol en général, tandis que les matières, provenant de la dépouille des animaux et des substances végétales, s'unissant avec eux, composent ce riche fond d'où les plantes empruntent principalement leur existence.

Les sols étant formés de cette manière, il est évident qu'ils doivent varier infiniment, en raison de la différence, de la qualité et de la quantité des ingrédiens qui entrent dans leur composition.

Les savans jugent de la nature du sol par l'analyse chimique; mais il est, pour acquérir cette connaissance, une autre manière qui ne s'élève pas au-dessus de la capacité du simple laboureur. Cette manière de déterminer la nature du sol est d'observer les plantes qu'il

produit naturellement, leur croissance, leur abondance et leur as-
pect extérieur. Si ces plantes pa-
raissent dans un état prospère, il
en doit tirer une conséquence favorable au terrain où elles sont ve-
nues. On emploie encore d'autres
moyens pour juger de la nature
d'une terre. Si cette terre exhale
une douce et agréable odeur quand
elle est fraîchement remuée, qu'elle
ne s'attache pas beaucoup aux
doigts quand on la manie, ce dont
on s'aperçoit en la pressant entre
le pouce et l'index, on en conclut
qu'elle est de la meilleure qualité.

CHAPITRE III.

Explication des mots siliceux, alumineux, calcaire *et* végétal, *et des diverses propriétés des terrains ainsi appelés.*

Un terrain est appelé *siliceux*, du latin *silex*, signifiant caillou, parce qu'il se compose de graviers et de sables provenant de cailloux; on y trouve aussi de petites particules de chaux et d'autres substances pierreuses. Pour que cette terre réponde aux travaux du cultivateur, il faut faire en sorte de l'entretenir constamment humide, et alors elle fournira des végétaux en grande abondance. Cependant elle se laisse difficilement pénétrer par l'eau et retient long-temps une grande quantité de chaleur. C'est le double inconvénient attaché à la nature de ce terrain.

Une terre est appelée *argileuse* ou *alumineuse*, parce que, dans son état primitif, elle sert de base à l'alun. Elle est de couleur blanche, douce au toucher, sans saveur. Dans l'état de sécheresse, cette terre se gerce facilement, expose aux ardeurs du soleil les racines qui lui sont confiées et les fait dessécher en très-peu de temps. Dans l'état d'humidité, elle ne se laisse pas pénétrer par l'eau, défaut qui la rendant toujours compacte ne permet pas aux racines de prendre toute leur extension. Ainsi, tout terrain alumineux pur est mauvais pour l'agriculture, et ne produira abondamment que lorsqu'il sera combiné avec un autre d'espèce différente.

La terre *calcaire*, crayeuse ou marneuse, est ainsi nommée parce qu'elle fournit la chaux, les gypses ou plâtres. Cette terre est principalement due aux substances animales. Réduite à son état naturel, elle ne rendrait pas plus de service que les terres précédentes; mais en l'associant à d'autres terrains, elle est susceptible de produire abondamment. Elle est surtout recommandable comme puissante auxiliaire des terres fatiguées, auxquelles elle communique une vigueur nouvelle.

La quatrième espèce de terre s'appelle *humus*, ou terre végétale. Elle renferme des débris d'animaux ou de végétaux, dans un état de décomposition plus ou moins avancée. Elle se trouve ordinairement à la superficie du globe; elle est de couleur noirâtre, et elle a des qualités naturelles suffisantes pour produire.

Il résulte donc, de cet examen des quatre principales espèces de terre, que l'humus est la seule qui puisse produire sans qu'il soit nécessaire de la mélanger avec une autre terre. Ce qu'il importe de remarquer en outre, c'est que la terre silice et la calcaire reçoivent de l'alumineuse une tenacité suffisante pour retenir l'eau, et que

celle-ci en reçoit à son tour la po-
rosité dont elle est naturellement
dépourvue pour recevoir et conserver. La silice sera heureusement
mélangée avec les substances calcaire et végétale, qui par leurs qualités onctueuses détruiront la sécheresse et l'aridité de cette terre.

CHAPITRE IV.

Du Défrichement.

Le défrichement n'est autre chose que l'opération qui tend à l'exploitation d'un terrain inculte. Cette opération peut être ou avantageuse ou funeste, selon le terrain où elle a lieu. Dans les terres qui dénotent une grande force de végétation, cette opération ne produira que d'heureux résultats; mais qu'on se garde bien de porter la pioche et la charrue sur les lieux élevés, sur les côteaux dont la pente rapide annonce qu'ils se montreront constamment rebelles aux soins de la culture même la plus opiniâtre. Rien ne serait plus facile que d'appuyer cette remarque d'une foule d'exemples. Selon la nature du sol, on convertit les terres demeurées en friche, soit en prés, soit en terres labourables, soit en bois quand elles ne sont pas d'une bonne qualité. Les défrichemens se font d'ordinaire par petites portions, et l'on ne doit pas négliger de mettre à profit les fontaines ou les ruisseaux situés à peu de distance.

Si le sol est crayeux, rocailleux et siliceux, on le soumet à un premier labour qui aura pour objet d'enterrer le peu de substance végétale qui couvre la partie extérieure du sol. Cette première opération doit avoir lieu dans l'au-

tomne. Pendant l'hiver, on donnera progressivement plus de profondeur aux sillons. On s'occupera
ensuite de mêler à cette terre nouvelle toutes les substances capables
de l'améliorer, telles que les vases,
les terres bourbeuses ou les plantes
marines.

S'il s'agit d'une lande, on se servira de la bêche ou de la pioche
pour ouvrir la terre. Après avoir
détaché les parties qui ne se rédui-
raient que lentement par la décomposition, on les rassemble en tas
pour exciter la corruption et la
fermentation des parties végétales
qui n'auraient point été enfouies
par l'opération du défrichement.
Ensuite, quand le sol a donné des
marques non équivoques de ferti-

lisation, on le remue encore en tous sens, et l'on finit par l'ensemencer.

Si le défrichement a lieu dans des bas-fonds où fondrières, et dans ce cas le succès de l'opération est comme assuré parce que ces terrains contiennent pour l'ordinaire les germes d'une grande fertilité, on se contentera de les débarrasser des eaux stagnantes et de l'accumulation de débris de végétaux qui leur seraient nuisibles.

CHAPITRE V.

Des Engrais.

Nous entendons par engrais, des substances qui, quand elles sont judicieusement employées, augmentent la fertilité de la terre à un degré surprenant, et peuvent, quand elle est épuisée, lui donner une vigueur nouvelle. Les engrais sont en grand nombre et se trouvent partout plus ou moins. Ils proviennent ordinairement de la décomposition ou de la putréfaction des matières animales et végétales, et de l'opération des substances fossiles et salines. Nous convenons que la meilleure manière de reconnaître les qualités particulières des différens engrais est de recourir à l'analyse chimique ; mais , comme ce moyen n'est à la portée que d'un petit nombre , il doit nous suffire d'avoir recours à l'expérience et aux observations pratiques des autres.

Nous divisons les engrais en quatre classes principales : *substances dures animales, substances molles animales, fumier des animaux,* et *substances végétales.*

Par substances animales dures, nous entendons celles qui sont d'un tissu ferme et solide , et qui par conséquent ne sont pas susceptibles d'une prompte décomposition ou putréfaction, comme les os, les cornes, etc. Les substances solides, réduites en petits morceaux à l'aide d'un moulin construit à cet effet, fourniraient une nourriture excellente aux plantes et fertiliseraient singulièrement le sol.

Sous le titre de substances animales molles, nous comprenons le sang, la laine, les crins des animaux, les rebuts de colle et de parchemin, de cuir, de peaux, etc., substances qui toutes peuvent être employées efficacement, pourvu qu'elles soient en quantité suffisante. Elles contribueront beaucoup à la fertilité du sol, parce qu'elles contiennent des qualités mucilagineuses, huileuses et gélatineuses, et qu'elles ont en outre une grande tendance à la moisissure, une des premières causes de la décomposition. On trouve encore, sur le bord de la mer, une grande quantité de petits poissons, et des débris d'autres animaux marins, qui peuvent être employés comme engrais. Cependant, le meilleur moyen de se servir de ces substances est de les mélanger avec une petite quantité de carbonate de chaux, et ensuite d'y ajouter une portion considérable de terre végétale.

Les engrais produits par les végétaux sont très-nombreux. En première ligne, nous placerons la tourbe qui se trouve d'ordinaire dans les endroits bas, mais quelquefois aussi sur les montagnes. La tourbe se convertit facilement en cendres, et dans ce nouvel état ses propriétés sont vraiment remarquables. Après la tourbe, nous signalerons la houille, terre noire, végétale, fossile, qui se rencontre le plus souvent à la surface des mines de charbon. Cependant, employée dans une année sèche sur un terrain silicieux, la houille serait plutôt nuisible que profitable. De plus, les terreaux, ainsi nommés parce qu'ils ne sont autre chose qu'un amas de débris végétaux, les vases ou boues déposées par les eaux, les résidus des plantes de toute espèce, sont des substances éminemment propres à être employées comme engrais.

Mais, de tous les engrais, celui qui est regardé comme le plus précieux est le fumier qui se compose de la litière des bestiaux mêlée avec leur fiente et leurs urines. Sa qualité dépend, au reste, de plusieurs causes. Mais, de toutes les espèces de fumier, celui du cheval et du mulet a une supériorité incontestable. On emploie encore avec succès la colombine (1) et la poulnée (2), la poudrette, l'engrais pulvérulent, les urines, etc.

(1) La fiente du pigeon.
(2) La fiente de la poule.

CHAPITRE VI.

Du Labourage.

LE labourage a pour objet de féconder la terre. Mais comment le sol le plus fertile pourrait-il jamais produire du froment, s'il n'était d'abord divisé en petites parcelles pour permettre aux racines délicates de cette plante d'y chercher la nourriture nécessaire à son existence. Le labour, fait après la récolte, a principalement pour objet d'enfouir les restes des tiges de la récolte. Les labours, entrepris en automne, sont d'autant plus efficaces qu'ils sont secondés d'ordinaire par les gelées, les pluies ou

les rosées de cette saison, lesquelles donnent de la fraîcheur à la
terre, et, ouvrant de nombreux
interstices dans son sein, y laissent
circuler l'air plus librement. Les
labours du printemps sont aussi
favorables par plusieurs raisons ;
à cette époque, les bestiaux sont
plus vigoureux qu'en aucune autre
saison de l'année, parce que leur
nourriture est plus abondante, et
la terre, ordinairement humectée
alors par de douces rosées, est plus
propre à recevoir la charrue que
dans la saison rigoureuse. Mais si
les labours produisent en temps
opportun les plus heureux effets,
ils ne sont pas moins nuisibles
quand on les entreprend mal à
propos. Le plus mauvais de tous

peut-être est celui qui se fait à la fin de l'hiver, lorsque les dernières gelées tourmentent la superficie de la terre et que cette portion est enterrée. Il serait à-peu-près aussi fâcheux de labourer pendant les chaleurs de l'été, parce qu'elles occasionnent l'évaporation des principes volatils et des sucs de la terre. Cependant, les terres fortes et compactes, qui retiennent trop long-temps l'humidité, peuvent être labourées dans cette saison.

CHAPITRE VII.

Du Semoir.

L'ENSEMENCEMENT est une des opérations les plus essentielles de l'agriculture, et ne demande pas moins d'attention que d'intelligence pour être exécuté avec fruit. Pour l'ordinaire, l'ensemencement se fait à la main; mais, en accordant même au semeur la plus grande habileté, il n'en arrivera pas moins que le semis deviendra la proie des oiseaux et des insectes, ou que, s'il leur échappe, répandu sur la superficie du sol, il sera détruit par les premières gelées. Pour obvier à ces incon-

véniens, il serait désirable que,
mieux éclairés sur leurs véritables intérêts, les agriculteurs
fissent l'acquisition de la machine
aratoire connue depuis long-temps
sous le nom de semoir. Nous citerons celui de M. Delyle-Saint-Mar-
tin, comme réunissant toutes les
qualités nécessaires. Son prix est
des plus modiques, et sa construc-
tion est si peu compliquée, qu'il
peut être employé même par les
personnes les plus ignorantes en
agriculture.

CHAPITRE VIII.

Du Froment.

On compte une grande variété d'espèces de fromens, parmi lesquelles nous citerons les suivantes comme les plus recommandables: le *blé de Pologne*, le *blé d'abondance*, le *blé lammus*, le *blé ras de mars*. En général, les fromens aiment une terre forte et bien fumée. On divise les blés en hivernaux et en printanniers; les premiers, semés ordinairement à l'entrée de l'automne, demeurent sous terre pendant l'hiver; les seconds ne sont semés qu'au commencement du printemps et ne restent guères plus de trois mois en terre. Le choix de la semence est un point essentiel en agriculture, surtout dans la culture des céréales. On prendra pour le froment une semence qui n'ait pas plus de deux ans, produite par une terre forte et rocailleuse. Il ne faut pas omettre une opération qui doit précéder l'ensemencement; je veux parler du chaulage. Par cette opération, on détruit les insectes qui auraient pu introduire des œufs au cœur de la graine, et l'on prévient en même temps la rouille et la carie souvent si nuisibles aux céréales en général. Quant au semis, nous ne saurions déterminer en quelle quantité il doit se faire; il est évident que cette quantité doit être

variable selon la nature du sol,
l'état de l'atmosphère, etc. Il est
seulement absolument vrai qu'une
bonne terre exige moins de semence qu'une mauvaise; qu'il est
important de semer clair et de
bonne heure, d'abord pour que les
plantes ne puissent se nuire par
surabondance, et ensuite pour que
la récolte ne soit pas exposée. Après
le semis, on l'enterre à la profondeur de deux pouces et demi à
trois pouces. A propos de cette
opération, nous ferons remarquer
que c'est un abus malheureusement
trop commun de ne pas couvrir
assez la semence, et qui entraîne
les plus graves inconvéniens. Après
ces opérations, on ouvrira les raies
d'égouttement désignées d'ordi-

naire par le mot rigoles. On ne
saurait fixer l'époque du sarclage
d'une manière précise ; c'est au
cultivateur intelligent à choisir lui-
même le temps qu'il croit le plus
propre à cette opération. Le sarclage, fait à propos, débarrasse
les blés des mauvaises herbes qui
leur sont si nuisibles sous le double rapport de la qualité et de la
quantité.

L'effanage ne doit pas se faire
sans précaution. C'est ordinairement par les moutons qu'a lieu
cette utile opération; mais, pour
qu'on recueille tout l'avantage possible de cette opération, il ne faut
mettre les moutons sur les blés
que par un temps sec, et ne pas

les laisser stationner long-temps dans le même endroit. L'effanage peut se faire encore au moyen de la faux.

CHAPITRE IX.

Du Seigle.

Le seigle, qui au besoin peut remplacer le froment pour la nourriture de l'homme, se plaît dans les pays montagneux. Cependant il est aussi cultivé avec succès dans les plaines. Cette culture, au reste, ne diffère pas de celle du froment. Il vient bien dans une terre légère, et donne jusqu'à deux récoltes par année. Il est peu sensible au froid, mais il ne peut résister long-temps à l'humidité. Sa semence, mêlée avec celle du froment, produit une espèce de blé bâtard connu sous le nom de méteil. Le méteil donne

un très-bon pain qui, de l'avis des
plus savans praticiens, exerce la
plus favorable influence sur la
santé.

CHAPITRE X.

De l'Orge.

Nous diviserons l'orge, qui s'applique à un si grand nombre d'usages, en trois espèces principales; l'orge à deux rangs, l'orge en éventail, et l'escourgeon.

L'orge à deux rangs, connue aussi sous plusieurs dénominations vulgaires, se plaît dans les terres meubles exposées au midi. De toutes les céréales c'est celle qui rend les plus grands services à la ferme, où elle est donnée en nourriture à tous les animaux domestiques; on la sème d'ordinaire au commencement du printemps.

L'orge en éventail, ainsi nommée à cause de ses longues barbes disposées en éventail, se plaît dans les contrées montagneuses et les terrains arides; elle ne fournit jamais une récolte très-abondante.

La troisième sorte d'orge, désignée sous le nom d'escourgeon, est la plus recommandable des trois espèces. Elle vient bien dans une terre vigoureuse et fournit jusqu'à deux récoltes.

CHAPITRE XI.

Des Instrumens employés dans les récoltes, et des moyens de s'en servir.

LES principaux instrumens dont on se sert dans les récoltes, sont la faucille, la faux, la fourfière, le fléau, le crible et le van.

La faucille est une légère lame de fer recourbé qui s'emmanche dans un morceau de bois arrondi. On s'en sert en saisissant les épis avec la main gauche, tandis qu'avec la droite on entoure ces épis dans le demi-cercle de fer de la faucille, pour les abattre.

La faux consiste en une lame

courbe de deux pieds de longueur pour l'ordinaire, et s'adopte par sa queue à un manche en bois de trois à quatre pieds de long. Dans le fauchage des grains, les pieds du faucheur doivent se succéder sur une même ligne, en commençant avec le droit. D'après les observations des meilleurs économistes, il ne faut pas que le faucheur soit indifférent sur le choix du vent. Le vent qu'il doit rechercher est celui de sa gauche; dans toute autre direction, le vent entraîne des inconvéniens plus ou moins graves.

La fourfière, comme la fourche, est employée pour charger sur les voitures les bottes de fourrages et les gerbes des grains.

Le fléau se compose de deux bâtons attachés au boutl'un de l'autre par des courroies. Les coups de fléau tombent successivement sur les gerbes de blé dont ils détachent les grains sans les écraser. On a soin de retourner la gerbe plusieurs fois pour que tout le grain en sorte, et la paille que l'on ramasse après cette opération est liée en bottes.

Le van est un ustensile d'osier qui sert à nettoyer les blés; il n'est pas universellement adopté, et il est quelques cantons en France où l'on se sert du crible pour le même usage.

CHAPITRE XII.

Des Clôtures.

LES clôtures les plus en usage pour garantir les champs des dévastations causées par les bestiaux, les moutons ou les chèvres, sont ordinairement des haies épaisses, formées d'épines blanches, qui, en raison de la promptitude de leur croissance, de la beauté de leur extérieur et de leur longue existence, sont préférées à d'autres plantes qui pourraient servir au même usage. Elles viennent d'ailleurs sur toute espèce de sol ; il faut seulement creuser un fossé au-dessous de la haie qu'on aura plantée.

On emploie encore l'épine noire à la plantation des haies; mais sa croissance n'est pas certaine, et ses racines sont sujettes à empiéter sur la terre. Si la croissance du houx n'était pas aussi lente qu'elle est peu sûre, on donnerait avec raison la préférence à cet arbuste. Il y a encore plusieurs autres plantes qu'on pourrait employer avec avantage, selon la qualité du sol, et la situation des champs qu'on veut enclore.

CHAPITRE XIII.

Du Desséchement.

Le desséchement a lieu pour opérer l'écoulement des eaux surabondantes. Tout le monde sait que l'eau courante contribue singulièment au développement de la végétation, mais on ne doit pas ignorer que lorsque l'eau est réduite à l'état de stagnation, elle exerce les influences les plus fàcheuses sur les lieux qu'elle occupe. Mais avant d'entreprendre un desséchement, il faudra connaître les causes de la stagnation des eaux.

S'il arrive que le sol soit uni, ou n'ait qu'une pente insensible, on fera des saignées profondes, afin que l'eau coule plus facilement à travers les interstices de la couche graveleuse, qui se trouve placée sous la couche alumineuse. S'il s'agit du desséchement de marais, on ouvrira de larges saignées transversales, puis on convertira le champ en prairie, que l'on plantera de toute espèce d'arbres qui se plaisent dans les terrains aquatiques.

L'automne a été regardée avec raison comme la saison la plus favorable pour opérer un desséchement.

CHAPITRE XIV.

Des Prairies naturelles et des Prairies artificielles.

Les prairies se divisent en deux classes, les naturelles et les artificielles. Les premières se composent de plantes indigènes, de la semence desquelles la nature fait tous les frais. Le sol des prairies naturelles est ordinairement maigre, sans consistance, et ne saurait se prêter à aucune autre sorte de culture. L'irrigation, employée à propos sur les terrains dont la situation permet d'avoir recours à ce moyen si puissant de fécondité, produit toujours les meilleurs effets.

Le semis des prairies se fait depuis le mois d'août jusqu'au milieu de l'automne. L'agriculteur expérimenté se gardera de semer clair ou trop dru, car ces deux manières de semer ont chacune son inconvénient. Il faut en général que cette opération soit proportionnée à l'espèce du terrain et de la plante.

Nous ajouterons ici la liste de quelques plantes aussi bonnes pour la pâture des bestiaux que pour le fourrage. La jacobée, la jacée; le fléau des prés, dont la première pousse produit abondamment; le fromental, le vulpin, le trèfle rouge, l'avoine jaunâtre, la fengerolle ou durète, et plusieurs autres qu'il serait trop long d'énumérer.

Parmi les plantes, dont la qualité est moins bonne pour le fourrage que pour la pâture, nous désignerons le triolet, la lupuline, le lotier des prés, la carotte, la grande marguerite, la primprenelle, la véronique, le salsifis, l'oseille, le pissenlit, l'ail sauvage, le dactile aggloméré, l'ivraie vivace, la chicorée sauvage et plusieurs autres.

On sèmera bien dans des lieux humides et marécageux le fenouil de porc, la houque laineuse, le lotier ailé, la bistorte, la patience sauvage, le populage, le cresson des prés, la valériane, le trèfle des marais, la reine des prés,

la berle blanche et plusieurs autres.

Les plantes nuisibles, qu'il importe d'arracher des prairies, sont
le plantain à larges feuilles, l'arrête-bœuf, l'orvale, et surtout le
colchique ou tue-chien. Après
cette opération, on sème des graines de bonnes plantes, que l'on
mêle avec un peu de fumier.

Les prairies artificielles sont ordinairement créées pour fournir
aux besoins des animaux de la
ferme. De toutes les plantes que
l'on peut employer à l'établisse-
ment d'une prairie artificielle, les
trois principales sont la luzerne,
le sainfoin et le trèfle. On peut y
mêler sans inconvénient, du moins
d'après l'opinion de plusieurs sa-

vans économistes, des graines de plantes d'une autre espèce. Cependant, il faut bien se garder de réunir des plantes de même régime, car elles se nuiraient réciproquement. Ainsi on ne sèmera pas ensemble la luzerne, le trèfle et le sainfoin. Le printemps est la saison propice, dans nos provinces du nord et du midi, pour l'ensemencement des graines de ces plantes. Il faut éviter de mettre paître les animaux dans les prairies artificielles.

CHAPITRE XV.

Des Infiltrations.

On procède à l'arrosement par infiltration, en retenant l'eau au niveau du sol pour la laisser couler lentement sur le sol, et dans des fossés, ordinairement de deux pieds de profondeur sur autant de largeur. La terre se trouve ainsi divisée en plusieurs carrés de diverse grandeur, qui deviennent bientôt des pâturages excellens, où les animaux de la ferme trouveront une nourriture saine et abondante. Sur ces terrains, ainsi coupés par de petites îles, on plantera avec succès des saules, des peu-

pliers, et en général toute espèce
d'arbres qui se plaisent au bord
des eaux.

CHAPITRE XVI.

Des Plantes oléagineuses et de leur emploi.

La culture de ces plantes ne saurait être trop recommandée aux propriétaires que la fortune met à même de se livrer à des entreprises agronomiques de grande utilité. Sous ce rapport, nous placerions au premier rang de ces spéculations la culture soignée des plantes oléagineuses. Elles suppléeraient au besoin aux récoltes incertaines des oliviers et aux productions du hêtre et du noyer, qui comme ceux-ci sont exposés ou à la rigueur excessive de quelques

hivers ou à la sécheresse destruc-
tive des étés.

Parmi les plantes que nous
croyons moins exposées aux fâ-
cheuses conséquences de saisons
extraordinaires, nous citerons en-
tr'autres le pavot, le colza, la navette d'hiver et la moutarde. Elles
sont déjà d'une grande utilité dans
l'économie rurale; avec des soins
particuliers, elles pourraient rendre des services plus importans
encore.

La terre où sera semée la graine
de pavot doit être forte, bien la-
bourée, et rendue unie par des
hersages répétés. En général, les
semis de cette plante doivent se
faire en automne. Le colza, plante
forte et vigoureuse, s'accommode

de presque tous les terrains pourvu
qu'ils soient fumés suffisamment.
C'est ordinairement au commencement de l'automne qu'a lieu l'ensemencement de cette plante ; et
c'est vers la fin de juin que s'en fait
la récolte.

La navette fournit plusieurs variétés. Nous citerons seulement les
deux espèces désignées sous le nom
de *navette d'été* et de *navette d'hiver*. La première se plaît dans les
sols gras et sablonneux ; on la sème
ordinairement dans les premiers
jours du printemps, et sa récolte
se fait vers la fin du mois d'août.
La navette d'hiver se sème vers la
fin du mois d'août. Cette plante,
naturellement robuste, souffre ra-
rement des gelées ; c'est le plus

souvent en octobre que se fait la récolte. Ces deux espèces de navettes se cultivent aussi comme plantes fourragères et comme plantes d'engrais.

La moutarde fournit trois variétés de plantes, désignées sous le nom de moutarde noire, moutarde blanche et moutarde jaune. Ces deux dernières espèces sont plus estimées que la première. C'est au printemps que se font les semis de cette plante.

CHAPITRE XVII.

CULTURES SARCLÉES.

De la Féverole.

La fève des champs ou *féverole*, est semée ou seule ou avec les pois. Elle est fort recherchée des animaux de la ferme, malgré l'âpreté de son goût. On la sème d'ordinaire du 15 février au 15 mars.

Des Lentilles.

Les lentilles sont de deux espèces; l'une d'une couleur d'un gris jaunâtre, et l'autre, plus petite de moitié, d'une couleur rougeâtre.

L'une et l'autre se plaisent dans des terres sèches et légères.

Du Lupin.

Sous cette dénomination sont comprises vingt-quatre espèces différentes, dont nous ne citerons que deux ; savoir : le *lupin blanc* et *le lupin sauvage*, désigné communément sous le nom de *petit lupin bleu*. Ces deux plantes viennent bien sur les terres sablonneuses et arides, mais mieux encore sur des terrains humides et légers. Le lupin, plante vigoureuse, résiste assez bien au froid ; on le sème en février ou mars, et, pour toute culture, il suffit de labourer la terre une fois. Le lupin, quand

il est cuit, fournit une bonne nourriture aux bestiaux, qui le recher-
chent avec empressement. Il faut
garantir de l'humidité les graines
de lupin que l'on destine aux se-
mences.

De la Carotte.

La carotte se met dans la terre,
du 15 avril au 15 mai, et elle ne
parvient à maturité que dans le
mois d'octobre. Il y en a plusieurs
espèces, dont les principales sont
la carotte blanche, la jaune et la
rouge. On se sert d'une fourche à
quatre dents de fer pour les arracher de terre.

De la Betterave.

La betterave se sème d'ordinaire dans un terrain substantiel et un peu frais. C'est dans le mois d'avril ou de mai que doit avoir lieu cette opération. Les feuilles de la betterave fournissent aux animaux de la ferme, en général, une excellente nourriture. Cette plante est très-délicate, et elle gèle à la température d'un degré au-dessous de zéro; elle demande donc les plus grandes précautions pour être conservée.

De la Pomme-de-terre.

De tous les végétaux qui contribuent à la nourriture de l'homme, la pomme-de-terre est sans contredit le plus précieux. Le temps le plus favorable pour la plantation de ce tubercule peut être fixé du 1er au 20 avril.

Il y a plusieurs manières de planter ce tubercule. Quelques cultivateurs le plantent en entier, d'autres ne se servent dans cette opération que de la pelure; ceux-ci partagent les plus grosses pommes-de-terre en plusieurs parties, ceux-là font usage des semis. Cette dernière manière est la plus longue, mais elle produit les meilleures espèces.

En se répandant dans tous les pays du monde, la pomme-de-terre, selon la différence du terrain et du climat, a présenté de

6.

nombreuses variétés. Nous les diviserons en deux grandes classes, sous le titre de *hâtives* et de *tardives*. On déterrera les pommes-de-terre hâtives avant que leurs fanes aient jauni, autrement elles ne donneraient plus qu'un farineux sec. Les variétés d'hiver et de printemps seront au contraire laissées long-temps en terre, et même jusqu'à ce que leur fane ait acquis sa parfaite maturité. Il est donc essentiel de savoir ranger les pommes-de-terre dans la classe qui leur est propre, pourque chaque espèce soit plantée dans le temps le plus opportun.

CHAPITRE XVIII.

DES PLANTES ÉCONOMIQUES ET DE LEUR CULTURE.

Nous ne traiterons ici que de quelques plantes économiques que nous regardons comme les plus utiles, les bornes de cet ouvrage ne nous permettant pas de nous étendre davantage.

Du Houblon.

L'agriculture a divisé le houblon en plusieurs classes, mais nous ne citerons que les deux espèces de cette plante qui nous semblent mériter une distinction particulière. La première, dont les tiges sont d'un rouge cramoisi, portant des cônes longs, de couleur rougeâtre à la queue; et la seconde, dont les tiges sont d'un vert foncé et donnent des cônes blancs. Le houblon se plante, soit en automne, soit au printemps. Dès la première année, le houblon, planté en automne, donne une petite récole désignée par le nom de *houblon vierge :* le houblon planté au printemps est plus tardif; il ne produit que la seconde année, mais cette récolte est bien préférable à l'autre.

Le houblon vient bien dans une terre argileuse, abondamment fumée, bien aérée. On le sème en avril. Le houblon est parvenu à sa maturité en août ou septembre;

on le coupe alors à trois pieds du sol avec une faucille. Le houblon étant fort sujet à s'échauffer, on évite de le laisser en tas; il faut aussi le mettre à l'abri de l'humidité, car elle exercerait sur lui la plus fâcheuse influence.

Du Tournesol.

Le tournesol, originaire des pays les plus chauds, s'est heureusement naturalisé dans notre patrie, malgré la différence du climat. C'est ordinairement au printemps, lorsque les gelées sont le moins à craindre, que l'on s'occupe de le semer. Mais avant que l'ensemencement ait lieu, il faut que la terre qui doit recevoir ses graines soit préparée pas un labour fait avant l'hiver. Il faut, pour qu'il pousse avec vigueur, qu'il soit planté dans une terre légère, mais substantielle.

Les feuilles du tournesol se donnent en nourriture aux chevaux et aux autres animaux de la ferme, qui les mangent avec plaisir. Elles servent aussi dans les teintures, pour lesquelles elles fournissent un très-beau jaune.

Les graines ne sont pas moins utiles. Elles peuvent servir à la nourriture de l'homme, à celle de la volaille et des autres animaux domestiques. Elles ont en outre la propriété très-précieuse de fournir de très-bonne huile à brûler, et même de l'huile pour la table.

Du Tabac.

Si l'on désire obtenir un tabac de couleur noire foncée, la graine de cette plante sera semée sur un bas-fond, ou sur l'emplacement de vieilles prairies défrichées. La terre sera douce et sablonneuse, si l'on veut se procurer un tabac moins substantiel. Les plantations ont lieu du 15 mai au 15 juin au plus tard, et la cueillette des feuilles se fait ordinairement dans le courant du mois de septembre. On arrache ensuite les pieds que l'on dispose par tas. Les feuilles cueillies se mettent aussi en tas, qui ont jusqu'à trente pouces de hauteur. Quatre jours après cette opération,

on fendra la côte en deux, jusqu'au tiers environ de sa longueur,
puis on les mettra au séchoir. Disposées de nouveau en tas, elles y
subissent une fermentation qui dé-
termine la qualité du tabac.

Du Maïs.

Le maïs, plante peu délicate,
s'accommode aisément de tous les
terrains. L'époque de son ensemencement est fixée à la dernière quin-
zaine d'avril. Lorsque le maïs est
arrivé à maturité, on sépare de la
tige les épis que l'on porte à la
ferme.

Les tiges du maïs fournissent
un excellent fourrage aux bestiaux,
depuis le 15 juillet jusqu'à la mi-

novembre. L'épi, dépouillé de ses grains, peut également servir au même usage.

CHAPITRE XIX.

DES PLANTES TINCTORIALES.

La famille des plantes tinctoria-
les est nombreuse dans notre pays,
où leur culture n'exige d'autre soin
que d'extirper, après l'ensemencement des graines, les herbes nuisibles. Dans le petit cadre où nous
sommes circonscrits, nous ne saurions donner qu'une liste incom-
plète de ces plantes ; mais nous
pensons que nous ne pouvons nous
dispenser de citer au moins les
principales.

Plantes produisant le rouge.

La garance, les racines; le grateron et la croisette velue, l'or-
seille, le gremil ou herbe aux per-
les; le putiet ou cerisier à grappes,
l'épervière piloselle ou oreille de
rat; le fusain ou bonnet de prêtre,
les capsules; la rubéole ou herbe
à l'esquinancie; le caille-lait jaune,
les racines; le caille-lait à feuilles
de lin, le caille-lait boréal, le caille-lait des bois, le cornouiller, etc.

Plantes donnant la couleur noire.

Le noyer, le brou de sa noix; la
lauréole odorante, les tiges et les
feuilles; le licope des marais; la
scorzonère naine, les racines; la

toque commune, la gesse jaune ou
sans feuilles, l'écorce de l'aune,
le raisin d'ours, etc.

Plantes donnant la couleur bleue.

Le suc du croton-tournesol, les
feuilles du pastel, les tiges et les
feuilles de la coronille des jardins
et de la mercuriale vivace; les pé-
tales du bleuet ou barbeau, légè-
rement mélangées à la gomme ara-
bique dissoute dans de l'eau, etc.

Plantes donnant la couleur jaune.

La cannabine du Levant, le peu-
plier d'Italie, le genêt des teintu-
riers, les baies du nerprun tei-
gnant, les pistils du safran, la cir-
cée, le merisier, le poirier, les

tiges et les feuilles de l'agripaume, les feuilles et les tiges fleuries de la verge d'or toujours verte, les branches du genêt d'Espagne; la centaurée, les feuilles et les tiges; la racine de l'épine-vinette, etc.

Plantes donnant la couleur verte.

Les baies du nerprun commun, le cerfeuil sauvage, les feuilles de la scabieuse des bois, la fleur d'iris d'Allemagne, la plante verte de la gaude, etc.

Plantes donnant la couleur brune.

Les racines fraîches du fraisier des bois, les tiges fleuries du marrube noir, les fleurs jaunes de la conize des prés, les tiges du sy-

ringa des jardins, la grassette, les
tiges fleuries de la bugrane jaune,
les branches du bois de Sainte-Lu-
cie, le thlaspi des champs, etc.

Plantes donnant la couleur grise.

Le raisin d'ours ou busserole,
les branches vertes de l'airelle,
les feuilles de la vigne, etc.

CHAPITRE XX.

Des plantes nuisibles et des moyens de les détruire.

Les plantes nuisibles sont en grand nombre, et malheureusement la plupart sont vigoureuses, se développent facilement, absorbent une grande partie de la nourriture destinée aux plantes utiles.

Nous citerons les suivantes, comme les plus communes et les plus malfaisantes : le chiendent, le chardon-aux-ânes, le blé de vache, l'ivraie, l'arrête-bœuf, le barbeau, le coquelicot, le senevé, le grateron, la scabieuse, le gremil, l'hyacinthe chevelu, la persicaire, la nielle, l'argentine, la parelle, l'aiguille de Vénus, la queue-de-cheval, le pas-d'âne, la mille-feuille, la camomille, la cucuste, l'oreille-de-souris, la ronce bleue.

Pour prévenir les fâcheux effets de ces plantes, le cultivateur aura recours à des labours répétés, et à l'emploi de tous les instrumens les plus propres à l'extirpation. Mais qu'il ne borne pas ses soins à les arracher, il n'aurait fait que la moitié de sa tâche. Après leur extirpation, ces plantes seront réunies par couches dans une vaste fosse, lesquelles seront arrosées successivement; une fois la dernière couche de ces herbes étendue, on la recouvrira de terre fraîchement remuée, qui ne s'élèvera pas au-dessus du niveau du sol. Bientôt, par la chaleur du soleil et d'autres causes atmosphériques, ces plantes ainsi amoncelées fermenteront avec force, et au bout de quelques semaines elles seront réduites à un état d'entière décomposition. Après plusieurs mois de séjour dans cette fosse, elles produiront un excellent engrais, qu'on enterrera par le labour sur le terrain qu'il doit fertiliser.

CHAPITRE XXI.

Des Eaux de pluie et d'orage.

Les eaux de pluie et d'orage renferment en elles-mêmes des substances gazeuses qui exercent sur les plantes qu'elles arrosent une influence très-favorable. Pour en retirer tout l'avantage possible, on recueillera les eaux de pluie en creusant une grande fosse où plusieurs courans aboutissent, et au moyen de la charrue on tracera diverses saignées qui en augmenteront la masse. Au besoin, on répand cette eau dans les tranchées qu'on a ouvertes précédemment.

En négligeant ces précautions,

le cultivateur se prive des avantages incontestables qui résultent de
cette opération , tant pour la fertilité de ses champs que pour l'amen-
dement de ses pâturages.

CHAPITRE XXII.

DES ANIMAUX DOMESTIQUES EMPLOYÉS DANS LA FERME.

Du Cheval, de la Jument et du Poulain.

Le cheval est sans contredit un des sujets les plus intéressans de la ferme. Un bon cheval doit être d'une constitution solide, d'une taille raisonnable, et bien proportionné; il faut aussi qu'il soit exempt de vices essentiels.

La jument doit offrir les mêmes qualités que le cheval. Elle est propre à la monte dès l'âge de trois ans.

Le poulain, quand il est de bonne race et qu'il a été élevé doucement, devient promptement vigoureux, et, à l'âge de trois ans, il peut être employé aux travaux de la campagne.

De l'Ane.

L'âne se recommande auprès du cultivateur par la solidité de ses qualités. Doué d'un tempérament robuste, il affronte toutes les maladies, il est sobre, patient, fort et tranquille.

Dès l'âge de trois ans, l'âne est propre à la propagation. Il doit avoir les jambes hautes, le corps gros, les yeux animés, le poitrail large et la robe d'un gris foncé ou d'un beau noir. Au temps de la monte on ne lui permettra que deux ou trois femelles par jour.

La femelle, qui réunit à-peu-près les mêmes qualités que le mâle, entre en chaleur dans les mois de mai ou de juin. L'ânesse s'accouple aussi avec le cheval, et on donne au produit de cette union le nom de bardeau.

Le petit de l'âne et de sa femelle tette jusqu'à vingt mois. Il convient de le charger sur la croupe, et non pas sur le dos, ainsi qu'on le pratique le plus souvent. L'âne, quand il est bien traité, vit jusqu'à trente ans.

Du Mulet.

Le mulet est produit par l'accouplement de l'âne avec la jument.

Un mulet est très-estimé lorsqu'il a la robe noire, le tête petite, les jambes rondes, le dos uni et la croupe pendante vers la queue. La mule doit avoir le corsage gros et rond, la croupe large, la poitrine ample, les jambes fines, les pieds petits. Plus robuste que l'âne et le cheval, le mulet vit aussi plus long-temps.

Du Taureau.

Le taureau doit se faire remarquer par la beauté de ses formes; son allure sera ferme et vive, son œil brillant, son poil luisant, sa tête forte et courte. A l'âge de quatre ans, il est parvenu à son entier développement; on l'emploiera alors à la monte jusqu'à sa neu-

vième année. Ce superbe animal
pourrait être de la plus grande utilité dans l'exploitation de la ferme,
si les cultivateurs, mieux éclairés
sur leurs véritables intérêts, s'ap-
pliquaient à obtenir de lui, par la
douceur, tous les services qu'il serait susceptible de leur rendre.

De la Vache.

C'est vers la fin d'avril que l'on
mènera la vache aux pâturages, et
ce sera vers le mois d'octobre qu'elle
rentrera à l'étable pour y passer la
mauvaise saison. La vache peut
produire un veau tous les ans et
fournir assez de lait pour sa nourriture et pour la ferme. Pour que la
qualité du lait de la vache soit tou-

jours bonne, il ne faut pas qu'elle soit traite plus de deux fois par jour. La traite du matin fournit toujours un lait supérieur en qualité à la traite du soir. Les fermières expérimentées n'ignorent pas que la succion par le veau facilite l'émission du lait, et c'est d'après cette connaissance qu'elles font téter la vache par son petit avant de traire.

Pour le bœuf, c'est sur lui seul que pèseront tous les travaux du labourage. Il serait à désirer qu'en général on n'abusât pas des forces de ce doux et laborieux animal.

Des Bêtes à laine.

Les bêtes à laine se divisent principalement en deux races; l'une à toison longue, l'autre à toison courte. Les individus de la première race sont hauts et vigoureux; le bélier n'a pas de cornes et la brebis produit plusieurs fois dans l'année. Les individus de la seconde race sont d'une taille inférieure à ceux-ci. Le mâle porte de longues cornes et la femelle ne donne qu'un agneau par an. Il existe encore une troisième race connue sous le nom de *moutons berrichons*, et sous celui de *moutons champenois*.

La tête d'un bon bélier sera grosse, sont front large, ses yeux vifs et brillans, ses oreilles longues, son ventre gros et sa queue bien fournie. A deux ans il est très-propre à la monte.

Une bonne brebis aura le corps

gros, les yeux clairs et vifs, les jambes fines et courtes et la queue ample. A dix-huit mois elle est propre à la monte.

L'agneau est sevré à deux mois, est châtré dans les quinze premiers jours de sa naissance, et lorsqu'on lui a coupé les cornes et la queue, il demande des soins et une nourriture saine et abondante. Il faut le dépouiller de sa toison tous les six mois.

Du Bouc, de la Chèvre et du Chevreau.

La chèvre, dont l'allure sera vive et légère, les mouvemens brusques et pétulans, annoncera suffisamment une santé vigoureuse. La chè-

vre n'accomplira l'acte de la génération que lorsqu'elle aura atteint sa
deuxième année. Elle produit d'ordinaire un petit, et jamais plus de
quatre à la fois. La chèvre donne
jusqu'à quatre litres de lait par jour.
Cet animal arrivera jusqu'à sa ving-
tième année, pourvu qu'on ait soin
de le tenir très-proprement.

Le chevreau que l'on destine à la
propagation aura la tête petite, les
oreilles longues et pendantes, le
poil noir et touffu, et les cuisses
grosses. Le chevreau bien ménagé
peut servir à la propagation jusqu'à sa septième année.

Le bouc aura les membres gros
et forts, les cornes épaisses et re-
courbées, la démarche grave et
fière, et le poil long et lustré. C'est

une erreur de croire que l'odeur désagréable qu'exhale cet animal donne un mauvais goût à sa chair. Cette odeur est toute concentrée dans sa peau.

Du Pourceau et de sa famille.

Le porc mâle s'appelle *verrat*, sa femelle *truie*, et ses petits *cochons*. Le verrat, dès sa première année, est propre à l'acte de la génération ; mais quand il entre dans sa sixième année, on le châtre, on l'engraisse, et six mois après on le tue.

A l'âge de quatorze mois, la truie est propre à la propagation ; elle donne ordinairement de quatre à six petits, quelquefois le nombre s'élève jusqu'à seize.

Les petits sont sevrés à trois mois; on les châtre, et, lorsqu'ils ont neuf ou dix mois, on les engraisse. Il y a plusieurs races de ces animaux en France, et depuis quelques années on y a introduit de nouvelles espèces.

CHAPITRE XXIII.

DE LA BASSE-COUR.

La basse-cour doit être exposée de manière à être garantie de l'excès de la chaleur et du froid. L'air y pénétrera par des ouvertures pratiquées, toutefois, de manière à prévenir l'entrée des animaux dévastateurs, tels que la fouine et la belette. On s'appliquera aussi à entretenir la plus grande propreté dans l'habitation des animaux domestiques, attention nécessaire à leur santé et sans laquelle ils seraient bientôt attaqués de diverses maladies.

Les oiseaux de basse-cour sont

le dindon, l'oie, la poule, le coq,
le canard et le pigeon.

Du Dindon.

Le dindon, habitant nécessaire
de toutes les basses-cours, ne se
montre pas très-difficile dans le
choix de sa nourriture. Dans son
appétit glouton, il avale indistinctement les débris végétaux et animaux; mais du moins sa voracité
ne nuit pas à sa constitution, et
rend servive aux terrains sur lesquels il cherche sa nourriture, car
il les purge en peu de temps de
tous les insectes malfaisans qu'ils
recèlent.

Lorsqu'il a deux ans, on peut lui
donner huit à dix femelles. C'est

ordinairement après les gelées d'hiver que le dindon entre en amour.

La dinde la plus estimée est celle dont la plume est d'un noir foncé. Quand elle est âgée de deux ou trois ans, elle donne à chaque ponte, qui a lieu deux ou trois fois l'année, de deux jours l'un, quinze à à vingt œufs. Il arrive souvent à la dinde de cacher ses œufs dans quelque endroit écarté ; mais il est facile, en épiant ses démarches, de découvrir sa cachette. La couvée de la dinde doit demeurer dans un lieu tranquille à l'abri du froid.

Pendant tout le temps que dure cette opération, la dinde demande à être bien nourrie.

Les dindonneaux ne viennent

pas sans beaucoup de soins. Le lieu où ils sont renfermés doit être très-chaud et semé d'un bon fumier. On leur donne successivement de le mie de pain émiettée dans du vin mêlé avec de l'eau, de la mie de pain avec des œufs cuits durs, qu'on aura écrasés ou pilés, de la farine d'orge, du maïs, du trèfle rouge, etc. On le châtre quand il approche de trois mois, et à six on le tue.

De la Poule.

Une bonne poule sera d'ordinaire de couleur noire ou brune, aura la tête grosse, la crête d'un rouge foncé, et les jambes et les pieds forts avec des griffes courtes et acérées.

La pépie, qui est redoutée avec raison par toutes les ménagères qui soignent les habitans des basses-cours, peut se prévenir en ne donnant aux poules que des grains bien sains et des eaux bien pures, et, en général, en ne leur fournissant que des alimens d'une grande propreté.

Parmi les poules de la basse-cour, on choisira, quand on voudra faire couver, celles qui paraîtront les plus fortes, et n'ayant pas moins de deux ans. Cette poule couvra d'ordinaire jusqu'à cinq ou six ans.

Du Coq.

Le coq étant regardé comme le chef de la basse-cour, il ne saurait être indifférent de le bien choisir. Un bon coq aura la tête moyenne, son plumage sera remarquable par la vivacité de ses couleurs. Il portera la tête haute, surmontée d'une crête d'un rouge foncé ; ses yeux doivent être brillans et toutes les autres parties de son corps annonceront sa force ; ses mouvemens seront libres et précipités ; il chantera souvent et recherchera les femelles avec ardeur.

De l'Oie.

Si le coq est le plus brillant des oiseaux de la basse-cour, l'oie est incontestablement le plus utile. Il existe plusieurs espèces d'oies ; mais, sans nous attacher à les énumérer, nous donnerons en général des indications sur la manière de l'élever, sur ses appétits, ses in-clinations.

Le mâle porte le nom de jars; on peut lui donner jusqu'à douze femelles. Quand le petit de l'oie sera sorti de sa coque, on le tien-dra enfermé pendant les huit pre-miers jours, et on le nourrira avec de la farine d'orge et de maïs dé-trempée dans de l'eau de miel.

L'oie demande une active sur-veillance, car, abandonnée à elle-même, elle ravage tous les lieux qu'elle parcourt. La vie de cet im-portant volatile, quand il est bien soigné, s'étend jusqu'à vingt-six ans.

Du canard.

Le canard se plaît surtout dans les pays aquatiques ; il préfère l'eau à la terre. Le canard en bonne santé aura l'œil vif, les plumes luisantes ; il agitera souvent ses ailes et poussera fréquemment des cris joyeux.

La cane, quand elle est bien nourrie, peut pondre jusques à soixante œufs. A l'exemple de la dinde, elle cache ses œufs même dans l'eau. Au moment de la couvaison, il faut lui donner une nourriture de son goût pour la fixer sur son nid, car elle est fort impatiente et ennemie du repos.

Dès que les canetons ont passé dix jours, on fera bien de les mener à l'eau, pourvu que l'eau ait été échauffée par le soleil. Cette précaution, au reste, ne doit pas se renouveler plus de trois fois.

Du Pigeon.

Il y a un grand nombre de variétés parmi les pigeons; nous ne parlerons que de deux espèces : le pigeon de colombier, et le pigeon de volière.

Le mâle, jouissant d'une bonne santé, se fera remarquer par le feu de ses yeux, la fierté de son allure et la rapidité de son vol. Le pigeon aime à varier sa nourriture et recherche avec avidité toute substance salée. La femelle a coutume de pondre dès son sixième mois, et donne des œufs jusqu'à cinq fois l'année.

Les pigeons de volière pondent presque tous les mois, pourvu qu'on ait soin de leur donner de temps à autre du chenevis mélangé avec de l'anis. Le temps de la ponte est fort limité, ne s'étendant pas au-delà de quatre ans, bien que la femelle vive souvent dix et même douze ans après cette époque.

CHAPITRE XXIV.

Du Ver à soie.

En consacrant un article assez étendu à ce précieux insecte, nous croyons qu'il ne viendra pas du moins dans un temps intempestif, à en juger par l'empressement avec lequel plusieurs propriétaires, dans divers départemens de la France, s'adonnent à cette branche d'exploitation rurale.

On a essayé de nourrir le ver à soie avec des feuilles de plantes d'une famille autre que celles du mûrier. Sans nommer ici tous les sujets de l'ordre végétal sur lesquels s'est faite cette importante expérience, nous nous contenterons d'annoncer que ces divers essais n'ont obtenu aucun résultat satisfaisant, et qu'ils n'ont servi qu'à confirmer dans l'opinion que les feuilles du mûrier peuvent seules lui servir de nourriture.

Parmi les différentes espèces de mûrier proposées à l'appétit de l'insecte, on cite le mûrier d'Italie, le mûrier noir greffé, le mûrier de Constantinople, le mûrier rouge, le mûrier blanc.

Les mûriers se plaisent ordinairement dans les bas fonds, dans les sols sablonneux, sur les lieux élevés.

Pendant la première année, le mûrier n'exige autre chose que

l'extirpation des mauvaises herbes;
durant la seconde, on fait choix
des pieds les plus vigoureux et l'on
élague ceux de mince apparence,
ainsi que les branches parasites.
Dès la troisième année, ces mêmes
pieds s'élèvent à la hauteur de six
pieds.

Il ne faut faire la cueillette des
feuilles qu'avec beaucoup de précaution. Dépouillez d'abord les
mûriers à tige basse, et tenez en
réserve les plus âgés pour qu'ils
fournissent une nourriture substantielle au ver à soie quand il ap-
prochera de la vieillesse. Pour ne
pas nuire aux jeunes mûriers, ne
montez jamais dessus, mais em-
ployez une échelle à deux fins, et
servez-vous de sacs et d'un crochet

pour les suspendre à l'échelle. Il faut encore avoir soin d'abriter les feuilles cueillies de l'ardeur du soleil.

Avant que le ver ait amené le cocon à sa perfection, il faut qu'il ait parcouru les cinq âges qui composent son existence. On lui fera, dès le premier jour de sa naissance, une distribution de feuilles tendres, à quatre fois différentes, en laissant six heures d'intervalle entre chaque distribution, et en ayant l'attention d'augmenter la dose de nourriture à chaque repas. La chaleur du lieu qu'habite le ver à soie pendant ce premier âge, doit être entretenue à 17 degrés et demi.

Pendant la durée du second âge, qui se compose de quatre jours, on élèvera la chaleur à 19 degrés, et on lui distribuera, le premier et le quatrième jour, 2 livres 4 onces de rameaux mêlés aux feuilles hachées menu ; au troisième jour, on lui donnera 6 livres 12 onces des mêmes substances, et au quatrième, 7 livres et demie.

Lorsque les vers seront arrivés au troisième âge, on élèvera la chaleur à 18 degrés. Cet âge dure six jours. Leur nourriture leur sera distribuée dans la proportion suivante. Au premier jour, on leur servira 7 livres 2 onces de rameaux tendres et de feuilles en égale quantité.

Au second jour, on leur donnera 21 livres 8 onces de feuilles fraîches coupées moins menu que dans les premiers jours. Dans la troisième journée, cette quantité sera portée à 22 livres et demie, et réduite, le jour suivant, à 12 livres 3 onces. Au cinquième et au sixième jour, il suffira de leur donner 6 livres et demie de nourriture.

Les vers entrant dans leur quatrième âge, on baissera la température d'un degré. La nourriture leur sera distribuée dans la proportion suivante. Le premier jour, on leur donnera 23 livres environ de feuilles mêlées à de jeunes rameaux, en ayant soin que les feuilles excèdent en quantité les rameaux, d'un quart environ. Le deuxième jour, cette quantité sera portée à 39 livres; le troisième, on l'élève à 52 livres; le quatrième, à 59 livres, en

ayant soin toutefois de ne compo-
ser le dernier repas que de 10 livres
et demie. Au cinquième jour, on
leur distribuera 29 livres 4 onces,
et au sixième , 6 livres 12 onces
seulement.

Le cinquième âge du ver à soie
se compose de dix jours, durant
lesquels on lui administre sa nourriture de la manière suivante. Le
premier jour, il reçoit 52 livres
quatre onces, quantité qui est portée jusqu'à 223 livres au sixième
jour inclusivement. Au septième
jour, on ne lui donne plus que 214
livres et demie; au huitième, il reçoit seulement 150 livres; au neu-
vième, 120 livres et 14 onces; et au
dixième, 56 livres 4 onces. Ces cinq
âges écoulés, le ver à soie est par-

venu à sa perfection; son instinct le dirige alors vers de petits fagots de bruyères et d'autres plantes rangés à dessein le long de la muraille; il y monte et file la soie.

CHAPITRE XXV.

Des Abeilles.

Depuis un temps immémorial, les cultivateurs français ont donné aux abeilles des soins dont ils attendaient de grands avantages. Si leurs espérances n'ont pas toujours été remplies, ils ne doivent s'en prendre qu'à l'insuffisance des moyens qu'ils ont employés. Le propriétaire d'abeilles s'occupera d'abord du choix d'une bonne ruche, c'est-à-dire d'une ruche qui convienne à leurs habitudes. On a proposé récemment l'adoption de ruches à air libre. Sans contester le mérite de cette innovation, nous dirons que, pour le plus grand nombre, la ruche, dite villageoise à capote, en paille, offre à l'abeille une habitation assez saine, assez commode, pour qu'elle s'y livre sans répugnance à ses utiles travaux.

On donne le nom de rucher à la réunion de plusieurs ruches. Il est ordinairement placé sous un hangar, de telle façon qu'il soit garanti de la chaleur en été, et qu'il y trouve un abri sûr pendant l'hiver. Il doit être à proximité de la maison rurale, éloigné du bruit et dans une portion de pays, d'une demi-lieue d'étendue environ, qui abonde en fleurs et en plantes que l'abeille recherche le plus.

L'acquisition des essaims a lieu

dans les mois de mai, de juin et de juillet ; l'achat des ruches se fait pendant l'automne et même en janvier. Lorsqu'on voudra transporter les ruches dont on aura fait l'acquisition, on choisira un temps sombre ou pluvieux ; le froid pourrait être nuisible à l'abeille, et une température trop douce pourrait l'engager à quitter la ruche pour parcourir les campagnes.

On peut fixer la saison des essaims à la durée du printemps et au commencement de l'été. La sortie de l'essaim est toujours précédée d'une grande agitation qui se manifeste tant à l'intérieur qu'à l'extérieur de la ruche. C'est d'ordinaire de sept heures du matin jusqu'à une heure de l'après-midi que cette sortie s'effectue dans le temps où la chaleur est la plus forte. A l'époque du solstice d'été, le départ a lieu de meilleure heure. Quand il arrive que les essaims d'une ou de plusieurs ruches se réunissent en un seul, on a soin de les diviser en deux ou trois, selon la quantité, et de séparer les abeilles-mères, de peur qu'elles n'en viennent aux prises. On met ensuite les abeilles dans deux ou trois vases qu'on a choisis pour cet effet.

On emploie plusieurs procédés pour former des essaims artificiels, dont nous citerons les deux les plus usités. Il est facile de faire monter les abeilles dans une ruche vide, à travers les claires-voies du plancher, à l'aide de la fumée qu'on emploie pour obtenir ce résultat. Les abeilles une fois rassemblées, on remarquera si la mère-abeille fait partie de l'essaim, et, après qu'on se sera assuré de sa présence, on posera dessus une ruche avec son plancher. D'autres divisent la ruche en deux parties égales. Pour obtenir des essaims, on frappe sur la partie inférieure de la ruche, parce qu'on sait que la mère-abeille accourt au moindre bruit qu'elle entend. On enlève alors la demi-ruche placée au centre, où l'on trouve des alvéoles de jeunes mères-abeilles, ainsi que beaucoup de couvain et d'autres abeilles-ouvrières. Si l'on veut avoir un second essaim, on aura soin d'ajouter au centre un couvercle et un dessous vide. On remettra la ruche-mère à la place qu'elle occupait auparavant, et le centre s'étant formé de la partie inférieure, on l'enlèvera quelque temps après.

Il est de la plus grande importance de savoir faire à propos la récolte de la cire et du miel. La quantité de cire que l'on peut extraire des ruches dans les récoltes particulières, s'évalue sur la hauteur des ruches et suivant la saison où l'on se trouve. C'est d'ordinaire dans le courant de l'automne, et vers la fin de l'hiver, que se font les récoltes de cire seule au bas des ruches; celles de miel et de cire se font pendant l'été, dans le haut des ruches. Dans les contrées fertiles, on obtient jusqu'à trois récoltes ,

en ayant soin de laisser un intervalle nécessaire.

Lorsqu'on veut récolter le miel,
on a soin de l'épurer au sortir de la
ruche; on le laisse ensuite égoutter
à travers des tamis, puis on écrase
les rayons, et on passe le marc à
l'eau chaude. Versé dans des pots,
le miel ne tarde pas à se dégager
par la fermentation des substances
qui lui sont étrangères. Après cette
opération naturelle, le miel est
clos dans des vases, ayant acquis
toute sa perfection.

Le miel étant enlevé, on dépose
les rayons dans un sac de toile que
l'on met dans un chaudron plein
d'eau. On le place ensuite, à l'aide
d'une planchette percée de trous,
de sorte que le sac ne descende pas

jusqu'au fond ; autrement la cire se noircirait. Quand la cire commence à monter, on la reçoit dans une cuiller, puis on la jette dans un vase à moitié plein d'eau froide. La cire étant toute recueillie, on la bat pour en extraire toutes les parties qui lui sont étrangères ; puis on procède à une seconde fonte qui se fait à travers une toile claire que l'on pressure.

CHAPITRE XXVI.

Des Maladies qui attaquent les bestiaux, et des moyens de les combattre.

Lorsqu'un animal de la ferme donnera à l'extérieur des signes manifestes de langueur ou de faiblesse, le propriétaire de cet animal, ou le fermier qui le représente, recherchera les causes qui auront amené cet état fâcheux. S'il demeure prouvé que ce malaise ne doit être attribué ou qu'à un excès de travail, ou à une nourriture peu saine ou trop abondante, les remèdes seront à la portée de tout le monde : la diète et le repos auront bientôt guéri l'animal souffrant. Que si, au contraire, la maladie provient ou de boissons prises dans des marais fangeux, ou de la mastication de quelques plantes vénéneuses, ou d'autres causes aussi graves, on aura sur-le-champ recours aux soins d'un médecin-vétérinaire expérimenté. Lui seul doit être employé dans ces cas graves; car, sans une pratique journalière, il serait impossible de deviner la nature de la maladie, d'en arrêter les progrès par des remèdes administrés en temps opportun, et d'en provoquer le terme par une continuité de traitemens variés. Pour prémunir le propriétaire, ou son suppléant, contre toute tenta-

tion de se charger lui-même de
ces cures compliquées, nous ajouterons que les symptômes des maladies graves varient suivant les
espèces qui en sont attaquées.
Toutefois, il en est quelques-uns
qui leur sont communs.

Sans exposer ici une notice dé-
taillée de toutes ces maladies, nous
en citerons trois principales.

Les maladies *héréditaires* sont
ainsi appelées parce qu'on suppose
que de l'accouplement résulte,
pour les enfans, la transmission
des vices physiques des pères et
mères. Bien que cette transmission
ne doive pas avoir lieu nécessaire-
ment, on en préservera les bestiaux
en allant par des remèdes au-de-
vant du mal.

Sous le nom d'*épizootiques*, on désigne les maladies qui frappent à peu près indistinctement un très-grand nombre d'animaux vivant sous le même toit. Elles occasionnent d'ordinaire de graves désordres dans les principaux organes des animaux, qui produisent l'extinction des forces ou la putridité du sang dans les sujets qu'elles attaquent.

Les maladies *contagieuses* indiquent assez leurs effets par la dénomination qui leur est affectée; il n'en est pas de même de leurs causes, que la science médicale n'a pas encore fait connaître d'une manière bien précise. Elles s'étendent au loin, et ne sont pas moins cruelles aux plus faibles bêtes de la ferme qu'aux plus robustes. De ce nombre sont la gale, les ulcères, etc.

CHAPITRE XXVII.

Des moyens sanitaires à employer par le Cultivateur pour conserver sa santé durant les diverses saisons de l'année.

Printemps. Le printemps, tel que nous l'avons dans nos climats, exerce sur les organes de l'homme la plus heureuse influence. Il met fin d'ordinaire aux maladies engendrées pendant l'hiver, telles que les affections catarrhales et rhumatismales; il guérit aussi du scorbut, des fièvres intermittentes, etc. ; mais, d'un autre côté, il fait naître ou développe les hémorrhagies, les inflammations de toute espèce, l'hypocondrie, etc. Pour se garantir de ces maladies, il est bon de suivre un régime simple, dont l'efficacité préservative est incontestable. Et d'abord, puisque le printemps est l'époque d'une grande fermentation vitale, il faudra s'abstenir de toute substance susceptible de donner aux organes une nouvelle énergie. Les alimens les plus salutaires seront les fruits et les légumes de la saison; le lait, pris sans mélange, fait aussi beaucoup de bien. L'usage de la viande doit être singulièrement restreint à cette époque de l'année. Toutefois, l'homme des champs ne saurait s'imaginer que ce régime sera constamment suivi pendant la durée de chaque printemps : saison variable, le régime qui lui est approprié doit avoir ses variations comme elle; mais nous en avons assez dit, sans doute, pour qu'on ne puisse expliquer mal à propos les petites règles hygiéniques que nous consignons ici comme destinées principalement aux cultivateurs et aux ouvriers qui travaillent dans les campagnes.

Été. Malgré les chaleurs brûlantes de l'été, le cultivateur ne vaque pas moins à tous les travaux qu'exige cette saison. C'est surtout à cette époque de l'année qu'il est menacé de maladies dangereuses, qui mettraient promptement fin à ses jours, s'il ne raffermissait sa santé ébranlée par un régime convenable. La viande, prise modérément, serait, selon nous, capable de ranimer ses forces plus que tout autre aliment; deux verres de vin au plus produiront le même effet, et, à défaut de vin, il mêlera un verre d'eau-de-vie à dix verres d'eau, et il aura alors une boisson fortifiante.

Quand la localité le permettra, le cultivateur et l'ouvrier campagnard se baigneront, mais dans les eaux courantes et jamais dans des eaux stagnantes ou marécageuses; il vaudrait mieux s'abstenir de toute espèce de bain. Ce serait une grande imprudence que de se bai-

gner lorsque le corps est en trans-
piration, ou lorsque la digestion
n'est pas encore faite.

Les animaux de la ferme deman-
dent aussi des soins particuliers
pendant cette saison de l'année.
Quand la localité le permettra, on
les abreuvera de préférence aux
eaux de rivière, on renouvellera
souvent leur litières, et l'on se
gardera bien de leur imposer des
travaux trop rudes ou trop pro-
longés. C'est surtout dans cette
saison que les maladies contagieuses
exercent leurs ravages ; il faudra
donc qu'au premier symptôme de
malaise qui se manifestera chez un
animal, cet animal soit tenu sépa-
rément, de peur de répandre le

mal dont il est attaqué parmi les autres bestiaux.

Automne. L'influence qu'exerce l'automne sur nos organes est considérable. Sujette à de grandes variations de température, elle donne naissance à beaucoup de fièvres, telles que les fièvres simples, les rémittentes, bilieuses, putrides, etc. Pour les prévenir, le cultivateur se couvrira de bonne heure de ses vêtemens d'hiver. Une nourriture substantielle, le vin ou l'eau-de-vie, pris en petite quantité, contribueront à l'entretenir en bonne santé. On ne saurait trop recommander à l'homme des champs de ne manger des fruits que donne cette saison qu'avec sobriété et

précaution. Que de cruelles dys-
senteries ont été engendrées par
l'abus qu'on en fait dans les campagnes autant que par leur mauvais choix! Mais surtoutlorsqu'une
fièvre pernicieuse étendra ses ravages sur les campagnes, que les
cultivateurs ne soient plus assez
aveugles pour espérer d'en arrêter
le cours par de prétendus remèdes
inventés par une infâme cupidité,
et accrédités par l'ignorance con-
fiante. Signaler à l'autorité civile
les colporteurs ou auteurs de ces
drogues mortelles, ce serait une
action aussi juste que louable.
Quand le charlatan, repoussé des
villes, s'abat, comme un oiseau de
proie, sur les campagnes, où il

espère trouver plus facilement des dupes ou des victimes, au lieu de l'accueillir avec empressement, qu'on ne lui témoigne que du mépris, et bientôt son monopole, qui date des siècles de la barbarie, aura cessé pour toujours.

L'hiver. L'hiver, comme les autres saisons, amène aussi des maladies particulières. Parmi celles-ci, nous citerons les phlegmasies cutanées et les fièvres intermittentes. Le cultivateur ne négligera pas de se bien couvrir, pour se garantir du froid et surtout de l'humidité. Il fera usage d'alimens substantiels, et prendra pour boisson du vin ou de l'eau-de-vie. Les exercices du corps, tels que la danse, la course, etc., lui seront salutaires en donnant de la souplesse à ses muscles et en développant une certaine quantité de chaleur qu'il prendra garde de laisser supprimer par une inaction subite.

Lorsque les rigueurs de l'hiver forceront le cultivateur à s'abstenir de toute espèce de travail, il cherchera dans les ateliers, dans les fabriques, des occupations qui, en lui conservant le goût du travail, amélioreront sa situation et celle de sa famille. Les soirées même peuvent être rendues utiles en les employant à des lectures pieuses et instructives, capables d'inculquer dans les cœurs de bons principes de morale, de former le

jugement, et de leur faire recueil-
lir, sur leur honorable profession,
des notions claires et précises qui
pourront parfois les décider à quitter les sentiers battus de la rou-
tine.

FIN.

TABLE

DES MATIÈRES

CONTENUES

DANS CE VOLUME.

Pages.

CHAP. I. *Aperçu historique sur l'agriculture dans notre patrie, depuis les Gaulois jusqu'à nos jours.* . . 5

— II. *Des Sols.* 11

— III. *Explication des mots siliceux, alumineux, calcaire et végétal, et des di-* 12.

Pages.

verses propriétés des ter-
rains ainsi appelés. 14

Chap. IV. *Du défrichement.* 19

— V. *Des Engrais.* 23

— VI. *Du Labourage.* . . . 29

— VII. *Du Semoir.* 32

— VIII. *Du Froment.* . . . 34

— IX. *Du Seigle.* 39

— X. *De l'Orge.* 41

— XI. *Des Instrumens em-*
ployés dans les récoltes, et
des moyens de s'en servir. 43

— XII. *Des Clôtures.* . . . 46

— XIII. *Du Desséchement.* 48

— XIV. *Des Prairies natu-*

Pages.

...relles *et des Prairies arti-*
ficielles.   50

CHAP. XV. *Des Infiltrations.*   55

— XVI. *Des Plantes oléagi-*
neuses et de leur emploi. .   57

— XVII. CULTURES SARCLÉES.

De la *Féverole.*.   61

Des *Lentilles.*. . . . . .ibid.

Du *Lupin.*.   62

De la *Carotte.*.   63

De la *Betterave.*. . . .   64

De la *Pomme-de-terre.*. .ibid.

— XVIII. DES PLANTES ÉCONO-
MIQUES ET DE LEUR CULTURE.   67

Du *Houblon.* . . . . . .ibid.

Du *Tournesol.*   69

Pages.

Du Tabac. 71

Du Maïs. 72

CHAP. **XIX.** DES PLANTES TINC-
TORIALES. 74

*Plantes produisant le
rouge.* 75

*Plantes donnant la cou-
leur noire.* . . . . . ibid.

*Plantes donnant la cou-
leur bleue.* 76

*Plantes donnant la cou-
leur jaune.* . . . . . ibid.

*Plantes donnant la cou-
leur verte.* 77

*Plantes donnant la cou-
leur brune.* . . . . . ibid.

Pages.

*Plantes donnant la cou-
leur grise.* 78

Chap. XX. *Des plantes nuisibles et des moyens de les
détruire.* 79

— XXI. *Des Eaux de pluie
et d'orage.* 82

— XXII. DES ANIMAUX DOMES-
TIQUES EMPLOYÉS DANS LA
FERME.

*Du Cheval, de la Ju-
ment et du Poulain.* . 84
De l'Ane. 85
Du Mulet. 86
Du Taureau. 87
De la Vache. 88

Pages.

Des Bêtes à laine. . . .   89

Du Bouc, de la Chèvre
et du Chevreau. . . .   91

Du Pourceau et de sa
famille.   93

Chap. XXIII. DE LA BASSE-
COUR.   95

Du Dindon.   96

De la Poule.   98

Du Coq.   99

De l'Oie.   100

Du canard.   102

Du Pigeon.   103

— XXIV. Du Ver à soie. . .   105

— XXV. Des Abeilles. . . .   113

— XXVI. Des Maladies qui

attaquent les bestiaux, et des moyens de les combattre. 121

CHAP. XXVII. *Des moyens sanitaires à employer par le Cultivateur pour conserver sa santé durant les diverses saisons de l'année.* 126

FIN DE LA TABLE.